钩针编织的田园风
盖毯和靠垫

〔法〕克里斯特尔·赛尔加里罗 著　　常丽丽 译

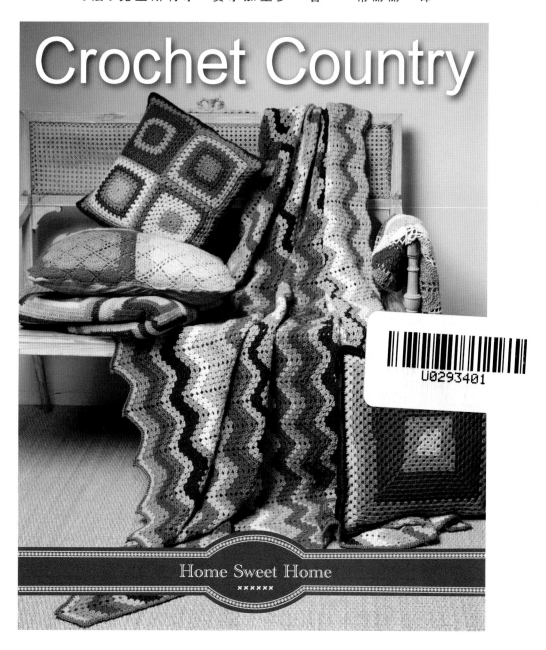

Crochet Country

Home Sweet Home
××××××

河南科学技术出版社
·郑州·

目录

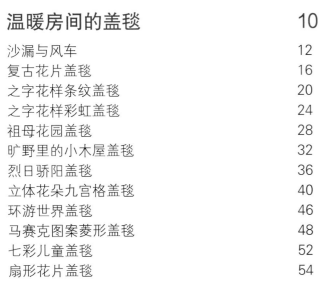

作者有话说

——致我的祖母

我的祖母是一位非常独立且极具创造力的女士，她十分喜欢钩针编织。以前家里不宽裕，她手头上的材料总是重复使用，尽量做到不浪费，不产生任何多余的花费。现在看来，她在旧物再利用方面是走在时代前列的，甚至她那时的衣着也已经有大胆另类的苗头了。

俗语讲：苹果只会落在苹果树下。我祖母的三个孙女，有两个都遗传了她对手工制作的热爱，并且以此为生。另一个没干这一行的孙女也是个画家，与手工沾边。

她的一个曾孙女也和她做了一样的选择，并准备从自己姨妈那里继续传承曾祖母的手艺。

就我本人来讲，与编织的缘分在很小的时候就开始了，不过当时没有意识到手上的钩针和毛线会带给我什么，毕竟才只有六岁。真的要感谢我的一个同学和她那天穿的用浅紫色线和薄荷绿色线钩的漂亮毛衣。毛衣钩得太漂亮了，让人完全不舍得将视线移开。不过我当时也仅仅是震惊于图案的漂亮而已，还没有选学校开的女红课，因为当时我觉得手工制作挺枯燥的。

十四岁那年，我开始给朋友们钩各种式样的束腰上衣，也没有什么具体的花样，只是灵感所致随意发挥，有点像我祖母当时的做法。

高中上到最后一年时，我利用数学课钩了一条完整的祖母方格毯子。那时候一到上课，我就坐在最后一排，偷偷地钩东西。

当然，期末时我的成绩不大好，我的老师Mr.Van曾说我这辈子不会有什么成就了。要是他知道我虽然没学到他教给我的什么对数和积分知识，却依然干出了点儿名堂，他肯定会相当欣慰的。

关于我如何开始钩针编织又怎样坚持下来的故事，相信大家已经有所了解了。我依然是随身携带未完成的作品，汽车上、火车上和候车室这些地方则取代了我学生时代的数学课，让我随时随地继续我的钩针编织大业！这也是这一手艺的优势和乐趣所在。

六年前，我决定在店里出售毛线和布料，因为我坚信钩针编织艺术会有复兴的时候，会在时尚、年轻的妈妈中再次流行。

很多人因为我的贴布风作品认识了我，并希望我能一直做下去。我相信灵感不会枯竭，足够我织个百八十年的。

我很高兴能将自己的经历与大家分享，也希望各位喜欢本书中的图案。

最后，我要特别感谢我的姐姐伊奈兹，为了我，她用祖母花园这个图案完成了一条毯子，为此她钩织了无数个六边形花片，还很有耐心地把它们缝合在一起。

克里斯特尔·赛尔加里罗

钩针基础

如何制作靠垫套

说明：图中标注的尺寸不含缝份。制作时除了留出折边外，还要在四边预先留出1cm宽的缝份。

剪1个长方形（长a、宽b）布块做靠垫的前片。

后片部分，剪两个与前片长度相同的长方形。第1片的宽度为前片宽度的一半再加1.5cm（折边）；第2片的宽度为前片宽度的一半再加4.5cm，其中宽3cm为重合部分，1.5cm为折边部分。

提示：所裁布块越大，后片的上下片重合部分就越大。建议大家根据靠垫大小调整重合部分的宽度。

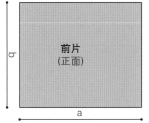  

沿其中一片的边缘折2次（第1折宽0.5cm，第2折宽1cm），两道折在靠垫的中心位置。在第2片上重复此步骤。

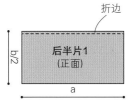 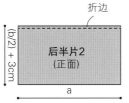

将前片和后片正面相对放在一起（后片重叠3cm），然后留出返口，沿四边缝合后由返口翻至正面。

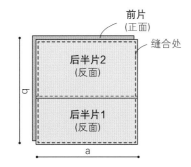

将织片用藏针缝缝在前片上。

制作指南

作品由小花片组合而成，每一个小花片只需很少的毛线。所用颜色和数量可以根据所做物品的颜色和大小决定。

1. 所列的毛线数量、尺寸和样片大小仅供参考。钩织时手劲不同，最终尺寸也会不同。

2. 钩织好1个织片后，和样片进行对比。如果大小一致，那么最终的作品和书中所列尺寸就是一样的；如果织片比样片大，就要换小一号的钩针；如果织片比样片小，需要换大一号的钩针。

3. 开始钩织前先阅读p.9的其他方法部分。

基本针法和符号

手指挂线起针

步骤1：将钩针放在毛线后面，按图中箭头所示转动。

步骤2：用拇指捏住钩出的线圈，按箭头方向针上绕线。

步骤3：将线从刚才钩出的线圈中拉出。

步骤4：将一端的线头向下拉，以拉紧线圈。

步骤5：第1个线圈完成。

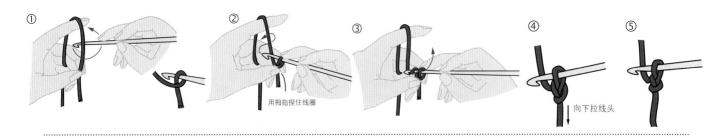

⬭ 锁针

步骤1：按图中箭头所示在针上绕线。

步骤2：将线从基础线圈中拉出，钩出第1针锁针。

步骤3：再次针上挂线从下个线圈中拉出，钩出第2针锁针。

步骤4：重复以上步骤。

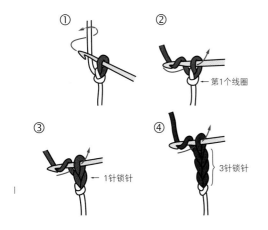

⬬ 引拔针

步骤1：在一行的开头，按图中箭头所示在第1针中入针。

步骤2：针上绕线，将线从该针和钩针上已有线圈中一起拉出，此时针上仍留有1个线圈。

步骤3：按图中箭头所示在第2针中入针。

步骤4：这一针可能会非常紧，建议大家在钩时尽量不要拉得太紧。

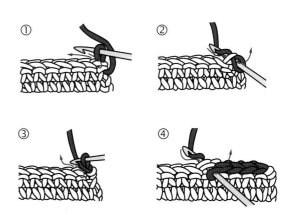

⊠ 短针

步骤1：钩1针锁针后翻面，按箭头所示插入钩针。

步骤2：针上绕线，按箭头所示从线圈中拉出。针上有两个线圈。

步骤3：针上绕线，将线从两个线圈中一次性拉出。

步骤4：1针短针完成。重复步骤1~3。

步骤5：3针短针完成。

⊤ 中长针

步骤1：先钩2针锁针代替第1针中长针。从钩针处数起，在第4针锁针的后侧入针。

步骤2：针上绕线，向后拉出线圈，再次针上绕线，一次性从所有线圈中拉出。

步骤3：1针中长针完成。重复步骤1、2。

步骤4：4针中长针完成（包括由2针锁针代替的第1针和3针中长针）。

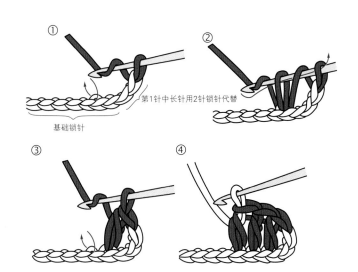

⊤ 长针

步骤1：钩3针锁针（用来代替第1针长针）。针上绕线，从钩针处数起，在第5针锁针的后侧入针。

步骤2：针上绕线，然后按箭头所示将线拉出。

步骤3：针上绕线，从钩针上的前两个线圈中一次性拉出。

步骤4：针上绕线，再从剩下的两个线圈中一次性拉出。

步骤5：重复步骤1~4。4针长针完成（包括由3针锁针代替的第1针长针和3针长针）。

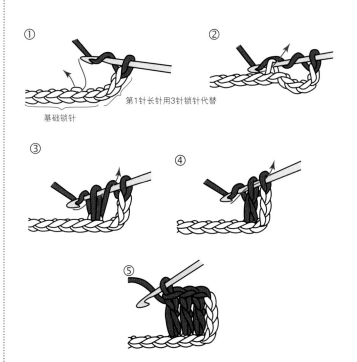

长长针

步骤1：钩4针锁针代替第1针长长针，然后针上绕线两次，按箭头所示在指定位置入针。

步骤2：针上绕线，从线圈中拉出。再次针上绕线，从两个线圈中一次性拉出。

步骤3：再次针上绕线，从两个线圈中一次性拉出。

步骤4：再次针上绕线，从针上最后两个线圈中一次性拉出。

步骤5：1针长长针完成。重复步骤1~4。

步骤6：4针长长针完成（包括由4针锁针代替的第1针长长针和3针长长针）。

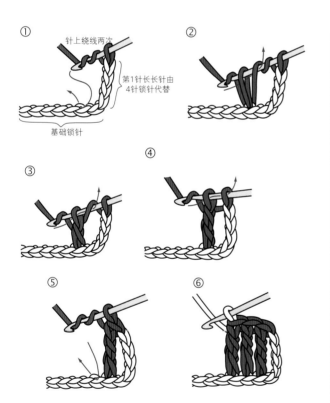

立针

在每行开头，第1针被1个立针代替，这个立针由同等数量的锁针组成（引拔针除外）。下图显示的就是替代各针所需的锁针数。

从左至右依次为：

以环开始的作品

共有两种技巧。

环形起针

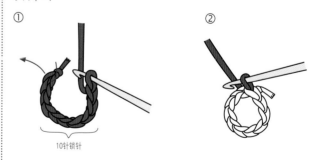

步骤1：在食指上绕线两次，然后将钩针插入圆环中。针上绕线，从圆环中拉出。

步骤2：将钩针置于圆环上方，针上绕线，从钩针上的线圈中拉出。

步骤3：针上绕线，环形起针完成。

锁针环

步骤1：钩出所需数目的锁针（图例显示的为10针锁针），从第1针锁针中入针。

步骤2：钩1针引拔针。锁针环完成。

其他方法

更换色线的方法

更换毛线颜色主要有两种方法。可根据你最终想要达到的效果选择使用。

常规方法

①

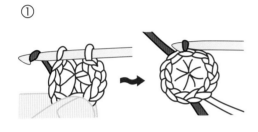

在钩每圈的最后一针引拔针之前，将新色线绕在针上，从针上的两个线圈中一次性拉出。
毛线颜色在下一圈开始之前就已经换好了。

高级方法

②

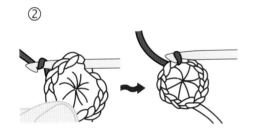

将最后一针引拔针钩好后剪断原色线。将钩针插入一个针目时附上新色线，再将新色线从该针目中拉出，然后开始钩第2圈。这种方法的好处在于可以随意改变一圈的开始位置，而且从上一圈每针的后侧两根线中钩织会使针目显得整齐一致。

用卷针缝缝合

这种方法适合正方形或六边形之类的几何图案织片。

①   ②   ③

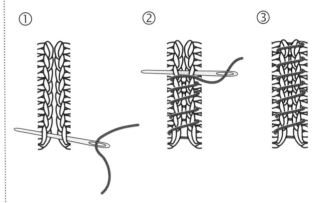

步骤1：将两个织片并列排好。将手缝针插入最后一排相对应的两针中。

步骤2：把侧边的每一针都一一对应缝在一起。

步骤3：当所有针目都缝好后，继续以同样方法将其与其他织片缝合在一起。

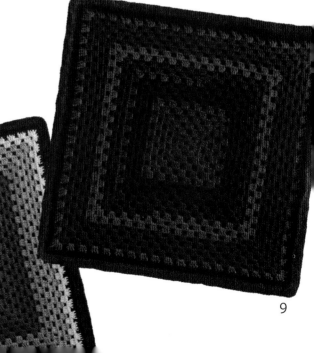

温暖房间的盖毯

沙漏与风车

这条精致的盖毯使用了多色三角形织片组成的正方形花片图案，包含了一年四季的各种颜色，极具潮范儿。

所需材料

● 以下毛线各100g：酒红色、棕色、本白色、卡其色、浅黄绿色、深卡其色、橙色、红色、芥末黄色、米黄色和深棕色
● 3.5mm钩针

样片

1个正方形花片=11cm×11cm

尺寸

见下图

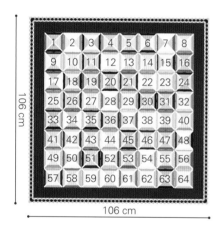

106 cm

106 cm

编织方法

1. 先钩1个起针环。开始钩沙漏a（粉色图示部分）。

2. 从沙漏b开始，依照图示将最后一圈用短针和前一个花片连接起来。接着钩沙漏c和沙漏d，同样将它们和前一个花片连接起来。这样一个正方形花片就完成了。

3. 颜色变化参见p.14配色表。

4. 将钩好的各个正方形花片依据上方尺寸图中所标序号组合在一起。

组合正方形花片

在相邻花片的四个角钩引拔针

将基础锁针和以前的花片的线圈连在一起后开始钩下一个正方形花片

正方形花片

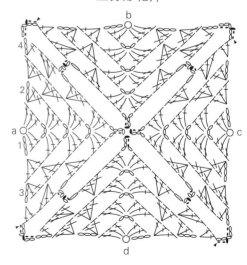

❖ 更换色线的方法参见p.9其他方法部分，直接在相关针目上钩织即可（无须再钩1针短针）。

◀ 剪线　　　◁ 接线

5.钩饰边时，参照图示，用深棕色线钩7圈长针，然后用米黄色线钩1圈贝壳针，再用酒红色线钩1圈贝壳针，最后用芥末黄色线钩1圈贝壳针。

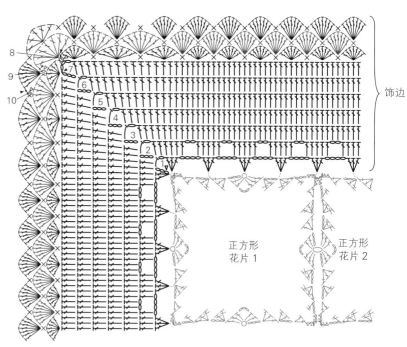

饰边

正方形
花片 1

正方形
花片 2

配色表

正方形花片编号	花片a和c	花片b和d
1、45	棕色	酒红色
2	卡其色	本白色
3	酒红色	浅黄绿色
4、47	橙色	深卡其色
5	卡其色	红色
6、35	芥末黄色	酒红色
7、50	深卡其色	本白色
8	米黄色	卡其色
9	浅黄绿色	红色
10、49	芥末黄色	橙色
11、26	红色	棕色
12	本白色	芥末黄色
13、39、55	浅黄绿色	棕色
14	米黄色	橙色
15、42	红色	浅黄绿色
16	棕色	深卡其色
17、34	本白色	深卡其色
18	酒红色	米黄色
19	深卡其色	卡其色
20	米黄色	酒红色
21、31	红色	深卡其色
22	本白色	卡其色
23、62	芥末黄色	米黄色
24、33	橙色	酒红色
25	芥末黄色	卡其色

正方形花片编号	花片a和c	花片b和d
27	浅黄绿色	橙色
28	棕色	本白色
29、64	橙色	芥末黄色
30	酒红色	棕色
32	卡其色	浅黄绿色
36	红色	卡其色
37	深卡其色	浅黄绿色
38	本白色	米黄色
40、49	橙色	芥末黄色
41	卡其色	棕色
43	米黄色	棕色
44、60	本白色	橙色
46	芥末黄色	红色
48	酒红色	本白色
51	酒红色	红色
52	红色	芥末黄色
53	卡其色	深卡其色
54	橙色	本白色
56	深卡其色	米黄色
57	红色	米黄色
58	芥末黄色	棕色
59	米黄色	浅黄绿色
61	棕色	浅黄绿色
63	卡其色	酒红色

复古花片盖毯

作品中心部分用精致的本白色线钩织，四边是水玉布包边，并点缀有钩织的装饰花朵，整体复古又不失时尚。

所需材料

- 400g本白色毛线
- 以下各色棉线各少许：红色、酒红色、树莓红色、樱红色、珊瑚红色、黄色、橙色、古铜色、浅绿色、绿色和深绿色
- 108cm×133cm的红底白点水玉布块
- 89cm×114cm衬布
- 红色刺绣线，绿色绗缝线
- 3.5mm钩针

样片

1个花片×7排=7cm×7cm

尺寸

见下图

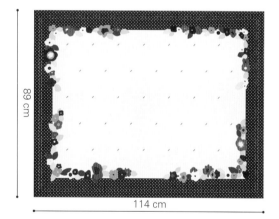

89 cm

114 cm

16

编织方法

1.钩中间织片时，先用本白色线钩出208针基础锁针，然后依图示钩74行图示针法。这样就钩成了1个69cm×95cm的长方形织片。

2.把织片正面朝上贴放在衬布正面中间，缝在一起。然后和布块反面相对叠放在一起，织片正面向上疏缝在一起。依图示将边缘卷起，形成最终尺寸为89cm×114cm的三层半成品。

特殊花样

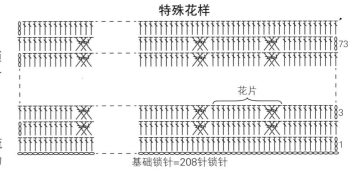

花片

基础锁针=208针锁针

⊠ 扭针：跳两针，在上一行的第3针上钩1针长长针，在第4针上钩1针长长针，再在第1针上钩1针长长针，在第2针上钩1针长长针。

组合

放好织片和衬布（衬布正面朝上），将其放在布块（反面朝上）正中间，疏缝在一起。在四边折0.5cm的布边。

折出四个角，沿图示中的虚线分别向上、向下折叠，织片的四边最终成形。

用藏针缝将四角和斜边缝上。拆去疏缝线。

3.用红色刺绣线在背面打结，针脚要将各层穿透，间距为10cm，然后在边缘处用绿色线绗缝出两行直线（参见作品图片）。

4.钩63片叶子和65朵花，形状和颜色可依个人喜好改动（具体编织方法见下图）。
注意：要留出一些相应颜色的线用于最后的组合。

5.将花朵和叶子按花环状排列在织片的四边（具体做法可以参考图片自由创作），缝合部位为花朵的中心和叶子的主茎。要注意缝合时针脚不要穿透布料，以免破坏整体美感。

作者提示：钩花时，我参考了莱斯利·斯坦菲尔德的《钩织花朵100例》一书。

花朵 1　花朵 2　花朵 3　花朵 4　花朵 5　花朵 6

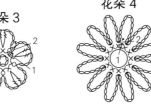
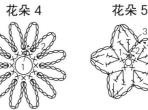

叶子 1　叶子 2

基础锁针
=7针锁针

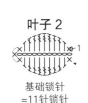
基础锁针
=11针锁针

◀ 剪线

4针长长针的爆米花针：钩4针长长针，将线圈向外稍稍拉大，取下钩针。钩针在4针长长针的第1针顶部从前向后插入，挑起之前取下的线圈拉出。

2针长针并1针：钩2针未完成的长针（最后一个线圈留在钩针上）。将线从前3个线圈中一次性拉出。

2针长长针并1针：钩2针未完成的长长针（最后一个线圈留在钩针上）。将线从前3个线圈中一次性拉出。

3针长针并1针：钩3针未完成的长针（最后一个线圈留在钩针上）。将线从前4个线圈中一次性拉出。

之字花样条纹盖毯

随着钩织的推进，花样仿如七彩涟漪一圈圈地荡漾开来。钩完这个作品你绝对会成为钩织之字花样的高手。

所需材料

- 以下各色毛线各125g：浅蓝色、米黄色、深蓝灰色、蓝灰色、浅卡其色、米白色、浅紫色、酒红色、浅黄绿色、樱红色、深蓝色和蓝色
- 50g树莓红色毛线（或棉线）
- 3.5mm钩针

样片

1个花片×7行＝10cm×10cm

尺寸

见下图

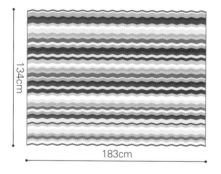

134cm

183cm

编织方法

1.先钩604针基础锁针，然后依图示钩之字花样。

2.条纹配色顺序，参见下面配色表。更换色线的方法，参见p.9其他方法部分。

3.钩边缘时，依照右图用树莓红色线钩1圈长针。

❖ 更换色线的方法参见p.9其他方法部分，直接在相关针目上钩织。

◀ 剪线

◁ 接线

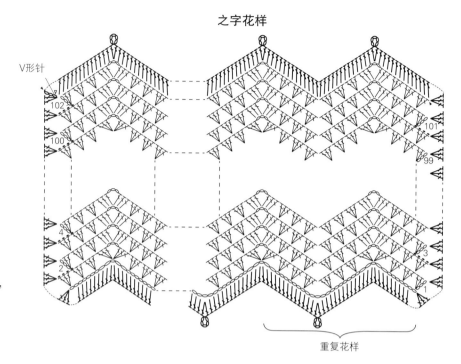

之字花样

V形针

重复花样

配色表

第1、2行 第25、26行 第50行 第74、75行 第102行	浅蓝色	第14、15行 第37、38行 第61~63行 第88、89行	浅紫色
第3、4行 第29行 第54、55行 第79、80行	米黄色	第16行 第39~41行 第64行 第90~92行	酒红色
第5、6行 第27、28行 第51~53行 第76~78行	深蓝灰色	第17~19行 第42、43行 第65、66行 第93、94行	浅黄绿色
第7、8行 第30、31行 第56、57行 第81、82行	蓝灰色	第20、21行 第44、45行 第67、68行 第95、96行	樱红色
第9~11行 第32、33行 第58行，83~85行	浅卡其色	第22行 第46、47行 第69~71行 第97、98行	深蓝色
第12、13行 第34~36行 第59、60行 第86、87行	米白色	第23、24行 第48、49行 第72、73行 第99~101行	蓝色

之字花样彩虹盖毯

这个华丽的盖毯使用钩针和棒针编织而成，手感柔软，色彩鲜艳，特别适合盖在床上。

所需材料

- 250g灰色毛线
- 以下各色毛线各25g：浅黄绿色、浅绿色、浅米黄色、米黄色、黄色、橙色、深橙色、浅玫瑰红色、红色和树莓红色
- 5mm钩针
- 5mm棒针

样片

钩针：1个花片×9排=12cm×10cm
棒针：16针×18行=10cm×10cm

尺寸

见下图

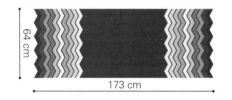

64 cm

173 cm

编织方法

1.钩44针基础锁针，然后钩32行之字花样（见图示）。

2.彩条配色参见右上方配色表。

3.使用灰色线，用棒针从钩针上挑44针编织92cm长的起伏针（第1行编织下针，第2行编织上针，接着重复编织）收针。

4.用钩针从棒针部分挑44针钩织32行之字花样，颜色顺序和开始部分相反。

配色表

第1、2行	树莓红色
第3、6、9、12、15行	米黄色
第18、21、24、27、30、31、32行	灰色
第4、5行	红色
第7、8行	浅玫瑰红色
第10、11行	深橙色
第13、14行	橙色
第16、17行	黄色
第19、20行	米黄色
第22、23行	浅米黄色
第25、26行	浅绿色
第28、29行	浅黄绿色

之字花样

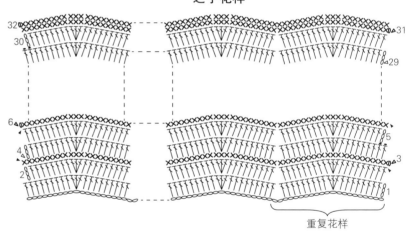

重复花样

❖ 更换色线的方法参见p.9其他方法部分，直接在相关针目上钩织即可（无须再钩1针短针）。

◀ 剪线　　　　　　△ 接线

5.需使钩针织片和棒针织片的之字花样交界处平整。可以将织片打湿，用珠针固定出所需形状，再自然晾干。或者用珠针固定出所需形状，用蒸汽熨斗在上方熨烫。熨斗不要接触织物，仅让蒸汽打湿织物，然后晾干。

祖母花园盖毯

这个作品的花样源于一款非常传统的拼布图案，用钩针进行了重新演绎。这一大幅作品完全由六边形花片组成，一眼望去，仿佛其中洋溢着的美好回忆触手可及。

所需材料

- 800g 8号钩织用黑色棉线
- 8号以下各色钩织用棉线各100g：浅粉色、粉色、樱红色、橙色、酒红色、树莓红色、浅玫瑰红色、绿色、珊瑚红色、红色、古铜色、深卡其色、苹果绿色和玫红色
- 3.5mm钩针

样片

1个六边形花片=4.5cm×5.5cm

尺寸

见下图

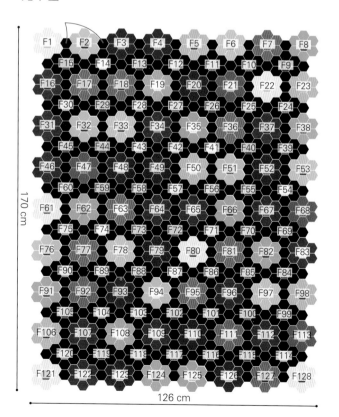

编织方法

1.先钩织1个起针环，然后钩织7个可以组合成一朵花的六边形花片。

2. 颜色顺序见下面配色表。

花片   组合花片（F）

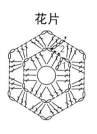
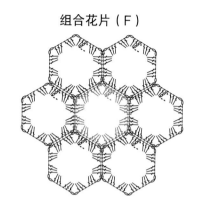

◀ 剪线

配色表

填充花片	128个黑色花片
F1	6个浅粉色花片，1个苹果绿色花片
F2	6个苹果绿色花片，1个酒红色花片
F3	6个酒红色花片，1个绿色花片
F4	6个树莓红色花片，1个橙色花片
F5、F98、F106	6个橙色花片，1个樱红色花片
F6	6个浅玫瑰红色花片，1个绿色花片
F7	6个古铜色花片，1个粉色花片
F8、F91	6个绿色花片，1个酒红色花片
F9、F29、F40、F59	6个黑色花片，1个酒红色花片
F10、F27、F39、F56、F69、F85、F101、F117	6个黑色花片，1个古铜色花片
F11、F24、F60	6个黑色花片，1个粉色花片
F12、F75、F89、F103、F120	6个黑色花片，1个珊瑚红色花片
F13、F73、F102	6个黑色花片，1个树莓红色花片
F14、F41、F54、F74、F87	6个黑色花片，1个浅粉色花片
F15、F44、F72、F100	6个黑色花片，1个深卡其色花片
F16	6个樱红色花片，1个酒红色花片
F17	6个粉色花片，1个深卡其色花片
F18	6个古铜色花片，1个红色花片

F19、F108	6个珊瑚红色花色，1个浅粉色花片
F20、F79	6个酒红色花片，1个樱红色花片
F21	6个深卡其色花片，1个苹果绿色花片
F22	6个浅粉色花片，1个浅玫瑰红色花片
F23	6个橙色花片，1个苹果绿色花片
F25、F86、F118	6个黑色花片，1个绿色花片
F26、F45、F55、F84、F115	6个黑色花片，1个红色花片
F28、F104	6个黑色花片，1个橙色花片
F30、F43、F57	6个黑色花片，1个浅玫瑰红色花片
F31、F112	6个樱红色花片，1个树莓红色花片
F32	6个苹果绿色花片，1个树莓红色花片
F33、F53	6个浅玫瑰红色花片，1个樱红色花片
F34	6个樱红色花片，1个绿色花片
F35	6个绿色花片，1个浅粉色花片
F36、F81	6个粉色花片，1个古铜色花片
F37	6个红色花片，1个酒红色花片
F38	6个珊瑚红色花片，1个粉色花片
F42	6个黑色花片，1个苹果绿色花片
F46	6个红色花片，1个樱红色花片
F47	6个深卡其色花片，1个粉色花片
F48	6个树莓红色花片，1个苹果绿色花片
F49	6个酒红色花片，1个古铜色花片
F50	6个橙色花片，1个浅粉色花片
F51	6个苹果绿色花片，1个古铜色花片
F52	6个树莓红色花片，1个粉色花片
F58、F70、F88、F99、F105、F116、F119	6个黑色花片，1个樱红色花片
F61	6个浅粉色花片，1个古铜色花片
F62	6个珊瑚红色花片，1个深卡其色花片
F63	6个粉色花片，1个浅粉色花片
F64、F67	6个樱红色花片，1个古铜色花片
F65	6个红色花片，1个浅玫瑰红色花片
F66	6个绿色花片，1个酒红色花片

F68	6个深卡其色花片，1个苹果绿色花片
F71、F90、F114	6个黑色花片，1个苹果绿色花片
F76	6个苹果绿色花片，1个红色花片
F77	6个粉色花片，1个树莓红色花片
F78	6个浅玫瑰红色花片，1个橙色花片
F80	6个浅粉色花片，1个红色花片
F82	6个珊瑚红色花片，1个树莓红色花片
F83	6个樱红色花片，1个浅粉色花片
F92	6个古铜色花片，1个树莓红色花片
F93	6个树莓红色花片，1个深卡其色花片
F94	6个苹果绿色花片，1个深卡其色花片
F95	6个粉色花片，1个珊瑚红色花片
F96	6个红色花片，1个绿色花片
F97	6个浅玫瑰红色花片，1个苹果绿色花片
F107	6个红色花片，1个树莓红色花片
F109	6个樱红色花片，1个苹果绿色花片
F110	6个酒红色花片，1个珊瑚红色花片
F111	6个古铜色花片，1个苹果绿色花片
F113	6个深卡其色花片，1个橙色花片
F121	6个浅粉色花片，1个深卡其色花片
F122	6个樱红色花片，1个橙色花片
F123	6个酒红色花片，1个浅玫瑰红色花片
F124	6个珊瑚红色花片，1个红色花片
F125	6个绿色花片，1个浅玫瑰红色花片
F126	6个树莓红色花片，1个浅玫瑰红色花片
F127	6个古铜色花片，1个酒红色花片
F128	6个浅粉色花片，1个樱红色花片

3. 将6个同样颜色的花片和1个放在中心位置的花片，用卷针缝组合（参见下图）成一朵花。然后将各个组合好的花朵用单个的六边形花片填充完整，并用卷针缝缝合起来。

2018

CHINA INTERNATIONAL CREATIVE HANDICRAFT CULTURAL INDUSTRY EXPO

第五届
中国国际手工文化
创意产业博览会

暨第五届中国手工文化创意产业发展论坛

郑州国际会展中心1E～1F展厅
郑东新区商务内环路中央公园1号

2018年6月8日–10日

主办单位：
河南科学技术出版社（玩美手工）

中国国际手工文化创意产业
博览会组委会

电话：
（86）0371-65788898
王先生 13526658508
杨先生 18703866517
齐先生 15237109093

E-mail：
2880505298@qq.com

参展/参观请扫二维码

5 周年啦

THE 5TH ANNIVERSARY
· 2014-2018 ·

CHINA INTERNATIONAL

CREATIVE
HANDICRAFT
CULTURAL
INDUSTRY EXPO

中国手工艺网络大学

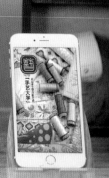

组合

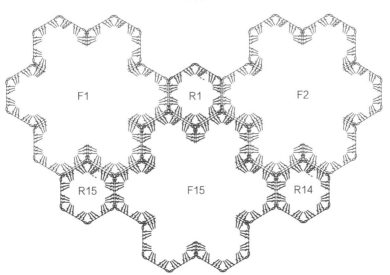

旷野里的小木屋盖毯

这款盖毯钩织时冷暖色线交替使用，然后换成传统红色线，中间部分则用蓝色线表现天空的高远，很好地展示了对比色的使用技巧。

所需材料

- 8号以下各色Rowan缩绒粗呢毛线各100g：冷色调：天蓝色、海军蓝色、深蓝色、深绿色、蓝灰色、浅黄绿色、米黄色、蓝色、紫罗兰色和深蓝灰色；暖色调：本白色、古铜色、金色、树莓红色、浅玫瑰红色、浅紫色和棕色
- 250g树莓红色Rowan缩绒粗呢毛线
- 3.5mm钩针

样片

1个正方形花片=22cm×22cm

尺寸

见下图

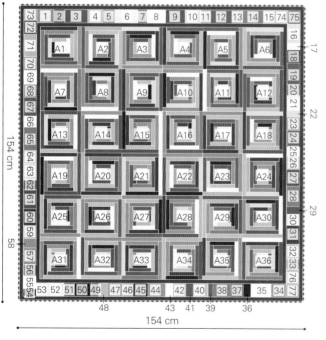

编织方法

1. 先钩 1 个起针环，再按右图钩出花片 A。颜色使用参见下面的配色表。

2. 将花片按照每行 6 片排列成 6 行，再使用卷针缝将其组合起来。

3. 用树莓红色线钩 2 圈长针作为内侧边。然后钩 8 行不同数目的长针构成 77 个长方形织片。这些长方形织片大小各异，颜色参照 p.32 所列图示上的数字，具体参照下面的长方形织片配色表选择。将所有的长方形用卷针缝组合在一起。

4. 参照图示，用树莓红色线钩 2 圈长针和 1 圈贝壳针作为外侧边。

花片A配色表

花片 A，第 1~3 圈用天蓝色，第 4、5，8、9，12、13，16、17，20、21，24、25，28、29 和 32、33 圈用冷色调（依次为海军蓝色、深蓝色、深绿色、浅黄绿色、米黄色、蓝色、紫罗兰色和深蓝灰色），第 6、7，10、11，14、15，18、19，22、23，26、27，30、31 和 34、35 圈用暖色调（依次为米黄色、本白色、古铜色、金色、树莓红色、浅玫瑰红色、浅紫色和棕色），可参考图片。

长方形织片配色表

1、11、46	蓝色
2、18、36、50、54、62	海军蓝色
3、12、24、39、56	深蓝灰色
4、15、32、40、64	米黄色
5、14、28、33、38、65、68	深蓝色
6、21、25、52、66	天蓝色
7、19、37、41、67	棕色
8、17、35、43、55、69	本白色
9、20、27、51、61	古铜色
10、16、22、30、53、63	浅黄绿色
13、47、57、73、77	金色
26、42、59、71、74	浅紫色
23、34、44、58、70	浅玫瑰红色
31、45、60、72、75	紫罗兰色
29、49	深绿色
48、76	蓝灰色

花片A

❖ 更换色线的方法参见 p.9 其他方法部分，直接在相关针目上钩织即可（无须再钩 1 针）。

◀ 剪线　　　　　◁ 接线

饰边

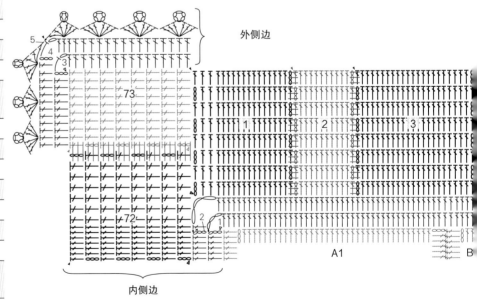

烈日骄阳盖毯

这个盖毯其中的太阳部分是用精心挑选的印花布做成的，加上一圈饰边形成花瓣的感觉，又像是太阳发出的万丈光芒。每个图案之间用不同颜色的线钩织填充。简单的材质依然能带给我们强烈的视觉冲击力。

所需材料

- 以下各色棉线各100g：本白色、米黄色、棕色、橙色、粉色和黑色
- 各色印花布
- 衬布
- 3.5mm钩针

样片

1个填充花片=22cm×22cm

尺寸

见下图

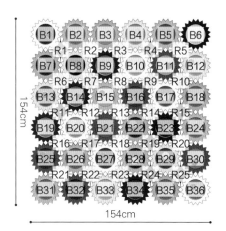

154cm

154cm

编织方法

1.钩120针锁针，最后一针用引拔针和第1针连接形成1个环。按照图示钩出饰边。

2.钩出36个饰边（颜色参照饰边配色表）。从第2个饰边开始，将其与前一个饰边用引拔针连接，请参照下图。按照共排6行、每行6个的方式排列组合。

饰边配色表

B1、B10、B17、B20、B27、B36	本白色
B2、B5、B15、B24、B28、B31	米黄色
B3、B7、B18、B22、B26、B35	橙色
B4、B8、B12、B13、B29、B33	粉色
B6、B9、B14、B19、B23、B34	黑色
B11、B16、B21、B25、B30、B32	棕色

饰边

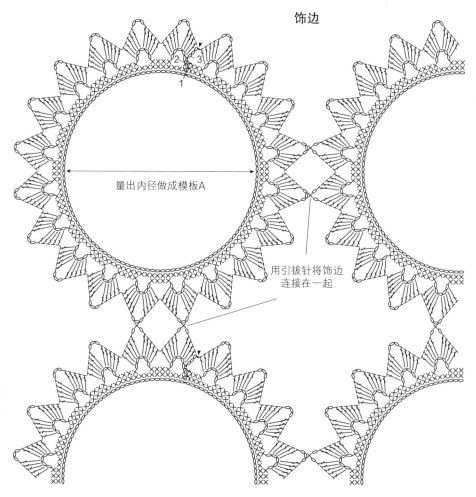

量出内径做成模板A

用引拔针将饰边连接在一起

◄ 剪线

3.钩出25个填充花片（颜色参照下面配色表）。钩至花片最后一圈时，用引拔针和饰边相接。

填充花片

填充花片配色表

R2、R5、R13、R20、R21	本白色
R3、R6、R10、R14、R22	米黄色
R7、R9、R23	橙色
R8、R12、R16、R18	粉色
R1、R4、R17、R25	黑色
R11、R15、R19、R24	棕色

4.测出内径并准备好模板A。

制作圆形印花布块

比照模板A剪出72个不同花色的圆形布块，要留出1cm
的缝份余量。

再比照模板A用衬布裁出36个布块，留出0.5cm的缝份。
将两块圆形布块正面相对叠放在一起，然后将圆形衬布
放在上面，沿边缘缝合，留出5cm的返口。从返口处将

圆形布块从内向外翻出，此时内衬已经在内侧，用藏针
缝将返口缝合。

5.用藏针缝将饰边缝在圆形布块上。

立体花朵九宫格盖毯

亮丽的色彩，小巧的花朵，一条盖毯演绎出了二十世纪六七十年代的复古气息。

所需材料

- 以下各色棉线各50g：深蓝色、樱红色、粉色、珊瑚红色、本白色和暗红色
- 以下各色棉线各100g：浅蓝色、绿松石色、天蓝色、红色和浅黄绿色
- 3.5mm钩针

样片

1个花片B=16.5cm × 16.5cm

尺寸

见下图

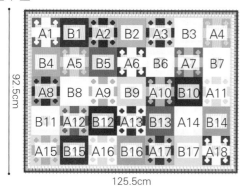

编织方法

1.先钩1个起针环，参照图示钩出组成九宫格A的花片a1和a2。配色参照右边的配色表。
更换色线的方法见p.9其他方法部分。

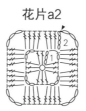

在第2圈的短针上钩第3圈的短针。

立针：在前一圈针目的前面线圈上钩1针短针、中长针或长针。

2.参照图示，将花片a1和a2交替组合，将其缝合起来（参见p.9其他方法部分）。

花片A

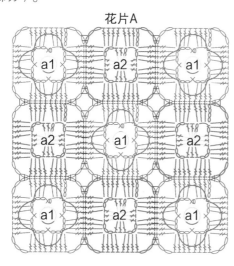

花片A配色表

	花片a1	花片a2
花片A1	第1、2圈：天蓝色 第3、4圈：深蓝色	天蓝色
花片A2	第1、2圈：深蓝色 第3、4圈：红色	暗红色
花片A3	第1、2圈：红色 第3、4圈：浅黄绿色	红色
花片A4	第1、2圈：浅黄绿色 第3、4圈：粉色	浅黄绿色
花片A5	第1、2圈：浅黄绿色 第3、4圈：珊瑚红色	浅黄绿色
花片A6	第1、2圈：本白色 第3、4圈：樱红色	本白色
花片A7	第1、2圈：绿松石色 第3、4圈：深蓝色	绿松石色
花片A8	第1、2圈：红色 第3、4圈：珊瑚红色	红色
花片A9	第1、2圈：绿松石色 第3、4圈：浅蓝色	绿松石色
花片A10	第1、2圈：粉色 第3、4圈：樱红色	粉色
花片A11	第1、2圈：浅黄绿色 第3、4圈：深蓝色	浅黄绿色
花片A12	第1、2圈：天蓝色 第3、4圈：浅蓝色	深蓝色
花片A13	第1、2圈：红色 第3、4圈：浅蓝色	红色
花片A14	第1、2圈：粉色 第3、4圈：浅蓝色	本白色
花片A15	第1、2圈：粉色 第3、4圈：浅黄绿色	粉色
花片A16	第1、2圈：浅黄绿色 第3、4圈：浅蓝色	浅黄绿色
花片A17	第1、2圈：樱红色 第3、4圈：绿松石色	樱红色
花片A18	第1、2圈：浅蓝色 第3、4圈：红色	红色

3. 钩花片B。

花片 B

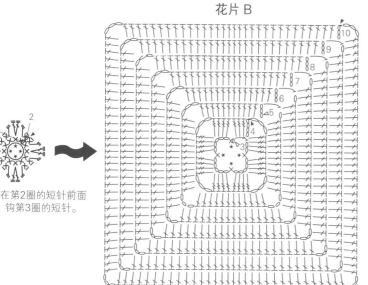

在第2圈的短针前面
钩第3圈的短针。

△ 剪线　　　　　▲ 接线

┬┬ᐉ 立针：在前一圈针目的前面线圈上钩1针短针、中长针或长针。

花片B配色表

	第1、2圈	第3、4圈	第5~10圈
花片B1	珊瑚红色	浅蓝色	樱红色
花片B2	深蓝色	浅黄绿色	绿松石色
花片B3	红色	浅黄绿色	浅蓝色
花片B4	绿松石色	浅黄绿色	粉色
花片B5	红色	浅黄绿色	深蓝色
花片B6	浅蓝色	暗红色	浅蓝色
花片B7	红色	樱红色	本白色
花片B8	粉色	浅黄绿色	本白色
花片B9	红色	深蓝色	浅黄绿色
花片B10	浅黄绿色	深蓝色	暗红色
花片B11	珊瑚红色	樱红色	浅蓝色
花片B12	浅黄绿色	浅蓝色	暗红色
花片B13	暗红色	珊瑚红色	深蓝色
花片B14	深蓝色	本白色	珊瑚红色
花片B15	深蓝色	本白色	红色
花片B16	樱红色	本白色	珊瑚红色
花片B17	浅黄绿色	珊瑚红色	浅黄绿色

4.将花片A和B交替组合，用藏针缝（参见p.9其他方法部分）将其缝合在一起。

5.钩边缘时，参照右侧图示先用浅黄绿色线钩2圈，再用天蓝色线钩2圈，用绿松石色线钩2圈，最后用红色线钩2圈。

组合

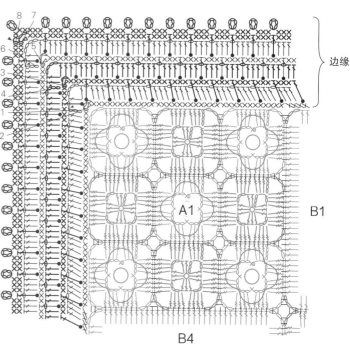

┬ 除最后一圈外，钩织每圈时都要在前一圈对应的锁针顶部钩1针长针。

44

环游世界盖毯

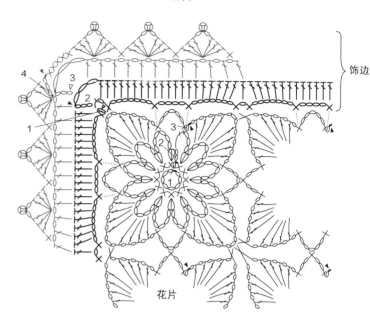

这件华丽的大盖毯是由441个花片组合而成的。它的用色手法十分高明，从粉色向紫罗兰色一层层晕染开，相当大气。

饰边

花片

◀ 剪线

◁ 接线

Ⓥ 爆米花针：*针上绕线1次，插入针目，再一次针上绕线，将其从该针中拉出*，重复3次，再次针上绕线，从钩针上的所有线圈中拉出。

所需材料

- 以下各色100%美利奴毛线：粉色（P）50g，浅玫瑰红色（OR）100g，米黄色（BE）150g，棕色（BR）150g，珊瑚红色（C）200g，红色（RO）200g，暗红色（DR）300g，樱红色（下）300g，酒红色（B）350g，紫罗兰色（V）400g，黑莓色（BB）400g，浅紫色（M）100g
- 3.5mm钩针

样片

1个花片=8cm×8cm

尺寸

见下图

编织方法

1.先钩8针锁针，用引拔针收尾，使其首尾相连做成环形，然后参照图示钩织。

2.配色参见左图。

3.从第2个花片开始，按图示将其与前面的花片拼接在一起。共钩织441个花片，按照共排21行、每行21个花片的方法组合。

4.钩饰边时，依照图示用浅紫色线钩1圈短针和锁针，钩1圈长针，再用黑莓色线钩1圈长针和1圈贝壳针。

176 cm

176 cm

马赛克图案
菱形盖毯

这件盖毯的制作方法是将不同的颜色融合在一起，产生令人惊叹的变化。多种色彩和谐共存，令人赞不绝口。

所需材料

● 市售的23色Rowan缩绒粗呢毛线各50g
● 3.5mm钩针

样片

1个花片=15cm×18.5cm

尺寸

见右图

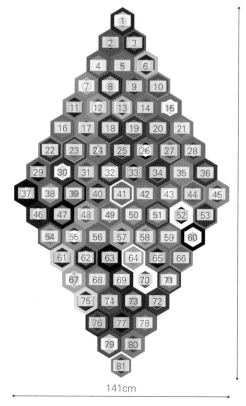

编织方法

1.先钩6针锁针，用引拔针收尾，使首尾相连做成环形，然后参照下面图示钩花片。

3.用藏针缝（参见p.9其他方法部分）将各个花片缝合在一起。

花片

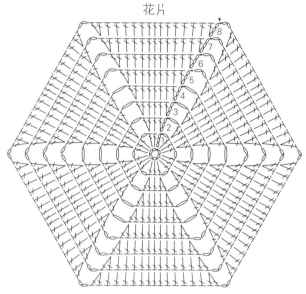

❖ 更换色线的方法，参见p.9其他方法部分。

◀ 剪线　　　△ 接线

2.钩织81个花片。颜色依据个人喜好搭配即可。但是每一个花片所用颜色一定不要超过4种。

组合

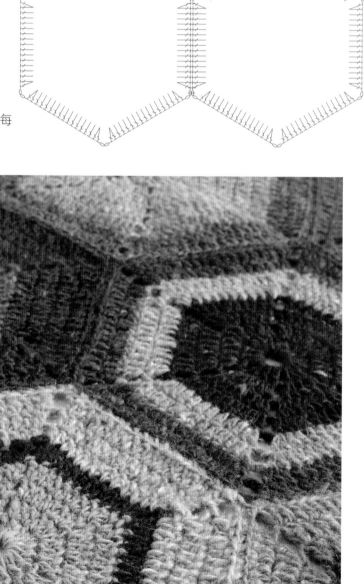

七彩儿童盖毯

这款盖毯是为儿童设计的，用色明快，各色花片逾50种，四周饰以黄色和绿色像棒棒糖一样的圆球，活泼可爱，充分迎合了孩子的喜好。

所需材料

● 各色89号DMC软棉线各50束
● 以下各色DMC天然棉线：2号乳白色100g，76号竹绿色100g，16号金黄色150g
● 3.5mm钩针

样片

1个花片
=10cm×11.5cm

尺寸

见右图

编织方法

1.先钩6针锁针，用引拔针收尾，使其首尾相连形成环形，然后参照图示钩织花片。

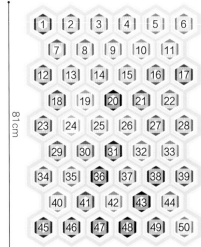

花片

❖ 更换色线的方法，参见p.9其他方法部分。

◣ 剪线　　　　　◺ 接线

◍ 爆米花针：*针上绕线1次，将钩针插入针目，再次针上绕线，从针目中拉出*，重复3次，再次针上绕线，将其从钩针上的所有线圈中拉出。

✖ 在同一针目中钩2针短针

2.钩织50个花片。所用颜色参照下面配色表。

配色表

第1圈	乳白色
第2、3圈	89号软棉线任一色
第4圈	乳白色
第5圈	金黄色
第6圈	竹绿色

3.依照组合图，将各个花片排成9行，每行6个或5个花片，用藏针缝将其缝合在一起。

4.钩织饰边时，依照图示用绿色线钩1圈长针，再用黄色线钩1圈长针和爆米花针。

◍ 钩4针锁针、1针6针长针的爆米花针：从钩针上将线圈向外稍稍拉伸，抽针，然后钩针在6针长针的第1针顶部从前向后入针，再钩起散开的各针拉出。再在第1针锁针上钩4针锁针和1针引拔针。

组合

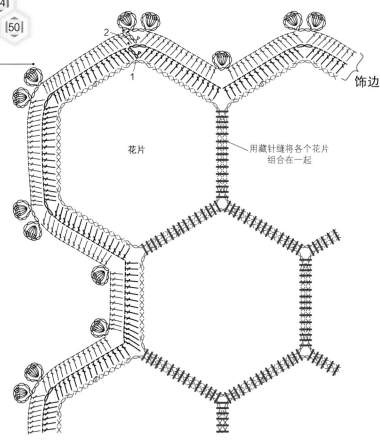

花片

饰边

用藏针缝将各个花片组合在一起

扇形花片盖毯

这件盖毯小巧轻柔，主色调为蓝色和棕色，同时加入了米黄色和浅褐色，使整体色彩偏离了冷色调，相当柔和。

所需材料

- 以下各色100%卡提亚亚麻线各100g：海蓝色、深蓝色、蓝灰色、本白色、米黄色、深米色和棕色
- 3.5mm钩针

样片

1个花片A=14.5cm×14.5cm

尺寸

见下图

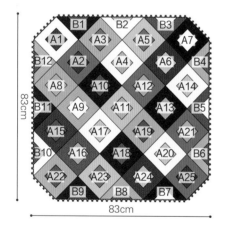

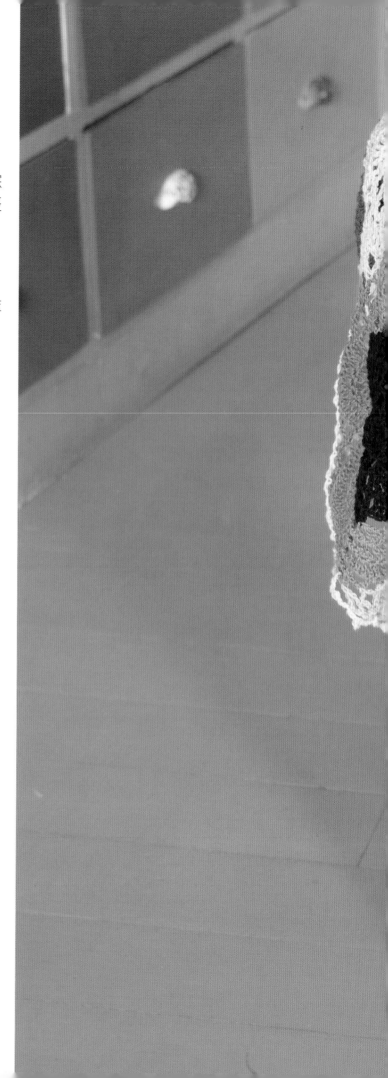

编织方法

1.先钩6针锁针，用引拔针收尾，使其首尾相连形成环形。再按下图钩出花片A。在第6圈换用第2种颜色的线，钩到最后。

花片A

❖ 更换色线的方法，参见p.9其他方法部分。

◀ 剪线　　　　　△ 接线

2.钩25个花片A，按照右图所示用短针将相邻花片连接在一起。花片连接顺序参照p.54图示。

配色表

3.依照下面图示，钩12个花片B，在钩花片A的最后一圈时，用引拔针将其与花片B连接在一起。

4.钩织饰边时，依照下图操作。

花片B

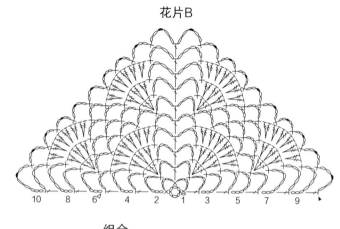

组合

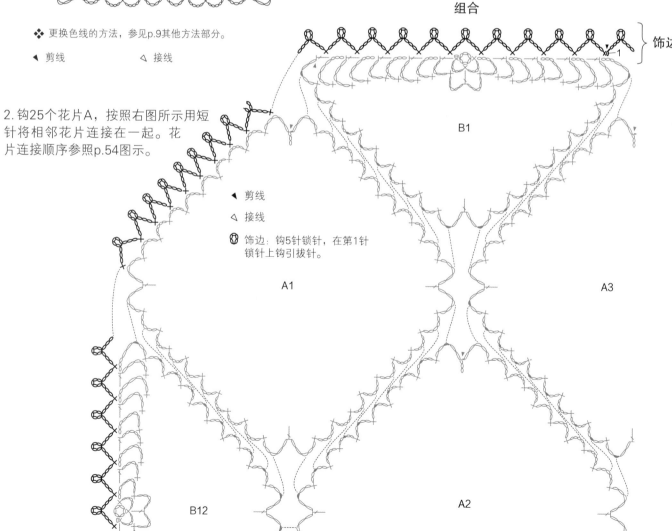

饰边

◀ 剪线

△ 接线

⊕ 饰边：钩5针锁针，在第1针锁针上钩引拔针。

B1

A1

A3

B12

A2

56

慵懒时光的靠垫

混搭色祖母方格靠垫

这里展示的几种靠垫使用了红色、绿色和橙色的色调，用来装饰沙发、靠椅都会令人耳目一新，同时，能提升空间的灵动感，让身处其中的人们身心舒适，心情愉悦。

样片

第1~3圈=6.5cm×6.5cm

编织方法

1.先钩1个起针环，然后依照下图继续钩织。颜色变换参照每一款的配色表。

2.钩织饰边时，依照图示先用黑色线钩1圈长针，然后用红色线钩1圈短针，再用黑色线钩1圈长针。

3.事先做好1个靠垫套（参见p.5如何制作靠垫套部分），然后用藏针缝将织片和靠垫套缝在一起。

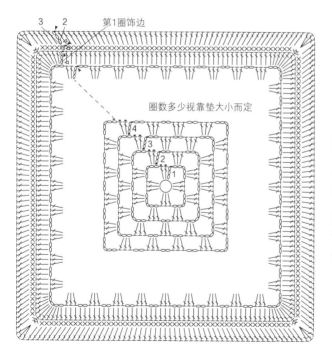

橙色和紫色系靠垫

所需材料

● 以下各色毛线的零线：粉色/橙色、树莓红色、紫红色、暗紫色、乌梅色、黑莓色、紫罗兰色、黑色和红色
● 45cm×110cm大小的各色布块
● 3.5mm钩针

尺寸

见图示

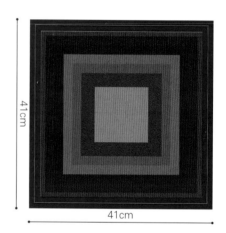

配色表

第1~6圈	粉色/橙色
第7~9圈	树莓红色
第10、11圈	紫红色
第12、13圈	暗紫色
第14、15圈	乌梅色
第16~18圈	黑莓色
第19圈	紫罗兰色

❖ 更换色线的方法，参见p.9其他方法部分。

◀ 剪线　　△ 接线

❧ 在同一针目中钩2针短针

蓝色和绿色系靠垫

所需材料

● 以下各色毛线的零线：浅蓝色、蓝绿色、绿色、深绿色、卡其色、中绿色、浅黄绿色、黑色和红色

● 50cm×110cm大小的各色布块

● 3.5mm钩针

尺寸

见右图

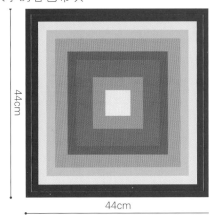

配色表

第1~3圈	浅蓝色
第4~7圈	蓝绿色
第8~12圈	绿色
第13、14圈	深绿色
第15~17圈	卡其色
第18、19圈	中绿色
第20、21圈	浅黄绿色

蓝色和紫罗兰色系靠垫

所需材料

● 以下各色毛线的零线：紫罗兰色、深蓝灰色、海蓝色、蓝色、浅蓝色、黑色和红色

● 45cm×110cm大小的各色布块

● 3.5mm钩针

尺寸

见右图

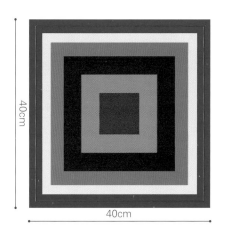

配色表

第1~6圈	紫罗兰色
第7~9圈	深蓝灰色
第10~14圈	海蓝色
第15~17圈	蓝色
第18、19圈	浅蓝色

米黄色、绿色和橙色系靠垫

所需材料

- 以下各色毛线的零线：浅黄色、米黄色、黄绿色、卡其色、黄色、橙色、珊瑚红色、棕色、黑色和红色
- 60cm×120cm大小的各色布块
- 3.5mm钩针

尺寸

见左图

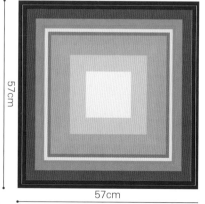

配色表

第1~10圈	浅黄色
第11~14圈	米黄色
第15~17圈	黄绿色
第18~20圈	卡其色
第21圈	黄色
第22圈	橙色
第23、24圈	珊瑚红色
第25~27圈	棕色

百变扇形花样靠垫

这件作品是我们消耗零线的绝佳时机，可大胆尝试不同的颜色搭配。

所需材料

- 以下各色毛线的零线：浅玫瑰红色、深蓝色、橙黄色、浅黄绿色、浅绿色、芥末黄色、树莓红色、紫红色和蓝色
- 60cm×120cm大小的各色布块
- 3.5mm钩针

样片

1个花片=24.5cm×24.5cm

尺寸

见图示

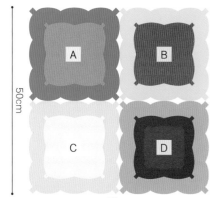

花片

❖ 更换色线的方法，参见p.9其他方法部分。

▲ 剪线

△ 接线

组合

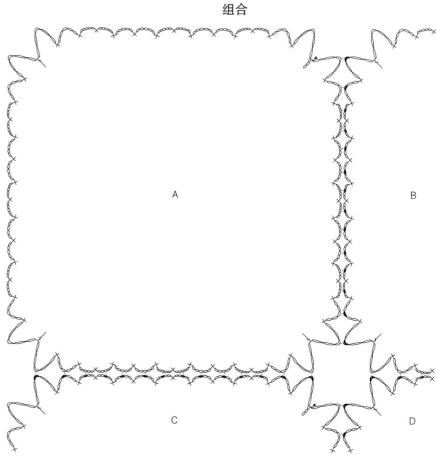

编织方法

1.先钩6针锁针，用引拔针收尾，使其首尾相连形成环形。参照配色表钩织花片。

2.换色时，参照下面的配色表。

3.按照图示钩出第2、3、4片花片，再按照p.66的组合图用引拔针将相邻花片连接在一起。

4.事先做好1个靠垫套（参见p.5如何制作靠垫套部分），然后用藏针缝将织片和靠垫套缝在一起。

配色表

	花片A	花片B	花片C		花片D
第1~10圈	浅玫瑰红色	橙黄色	浅绿色	第1~6圈	树莓红色
第11~14圈	深蓝色	浅黄绿色	芥末黄色	第7~10圈	紫红色
				第11~14圈	蓝色

波西米亚风靠垫

这个舒适的靠垫是用4个祖母方块连接而成的，制作过程超简单！

所需材料

● 以下各色毛线的零线：米黄色、珊瑚红色、紫罗兰色、海蓝色、粉红色、蓝色、深绿色、棕色、浅玫瑰红色、天蓝色、芥末黄色、浅橘色、卡其色、树莓红色、深蓝色、黄色、深米色和紫红色
● 45cm×110cm大小的各色布块
● 3.5mm钩针

样片

1个花片
=17.5cm×17.5cm

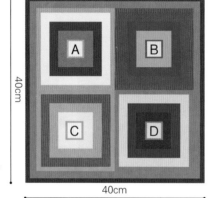

尺寸

见右图

编织方法

1.先钩1个起针环，然后依照右上图钩织花片。

2.依照p.69的配色表换色。钩出4个花片。

3.从反面钩1行短针将花片A和B连接在一起。用同样方法连接花片C和D。然后用相同方法将花片A、B和C、D连接在一起。

4.钩织饰边时，依照右图先用深米色线钩2圈长针，然后再用紫红色线钩1圈长针。

5.事先做好1个靠垫套（参见p.5如何制作靠垫套部分），然后用藏针缝将织片和靠垫套缝在一起。

花片

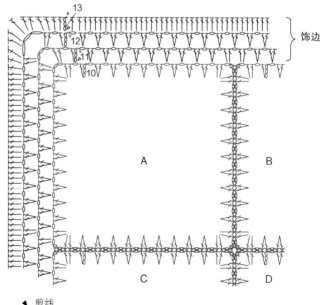

❖ 更换色线的方法，参见p.9其他方法部分。

组合

◄ 剪线

◁ 接线

配色表

	花片A	花片B
第1~3圈	米黄色	粉红色
第4、5圈	珊瑚红色	蓝色
第6、7圈	紫罗兰色	深绿色
第8、9圈	海蓝色	棕色
第10圈	米黄色	粉红色

	花片C	花片D
第1~3圈	浅玫瑰红色	卡其色
第4、5圈	天蓝色	树莓红色
第6、7圈	芥末黄色	深蓝色
第8、9圈	浅橘色	黄色
第10圈	浅玫瑰红色	卡其色

光影魅力配色靠垫

从中心的简单花朵开始的一场明暗线条的交锋，营造出光与影的视觉效果，十分独特。

所需材料

- 以下各色毛线各50g：浅粉色、深紫色、紫罗兰色、紫红色和黑色
- 45cm×110cm大小的各色布块
- 3.5mm钩针

样片

第1~3圈=7cm×7cm

尺寸

见右图

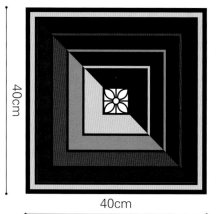

编织方法

1.先钩1个起针环，然后依照右图钩织花片。

注意：从第6圈开始，将整个花片一分为二，先完成第6~21圈。最后用相反的配色完成另外一半的第6~21圈。

2. 依照p.72配色表换色。

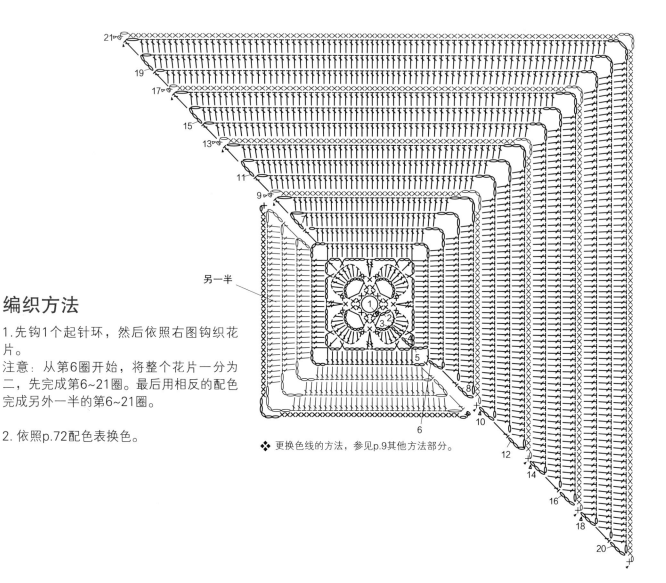

另一半

❖ 更换色线的方法，参见p.9其他方法部分。

配色表

第1~5圈	黑色
第6~8圈	一半黑色，一半浅粉色
第9圈	一半浅粉色，一半黑色
第10~12圈	一半黑色，一半深紫色
第13圈	一半深紫色，一半黑色
第14~16圈	一半黑色，一半紫罗兰色
第17圈	一半紫罗兰色，一半黑色
第18~20圈	一半黑色，一半紫红色
第21圈	一半紫红色，一半黑色

3.用藏针缝（参见p.9其他方法部分）将两个织片连接在一起。

4.钩织饰边时，依照下图先用浅粉色线钩1圈长针，再用黑色线钩1圈长针。

5.事先做好1个靠垫套（参见p.5如何制作靠垫套部分），然后用藏针缝将织片和靠垫套缝在一起。

饰边

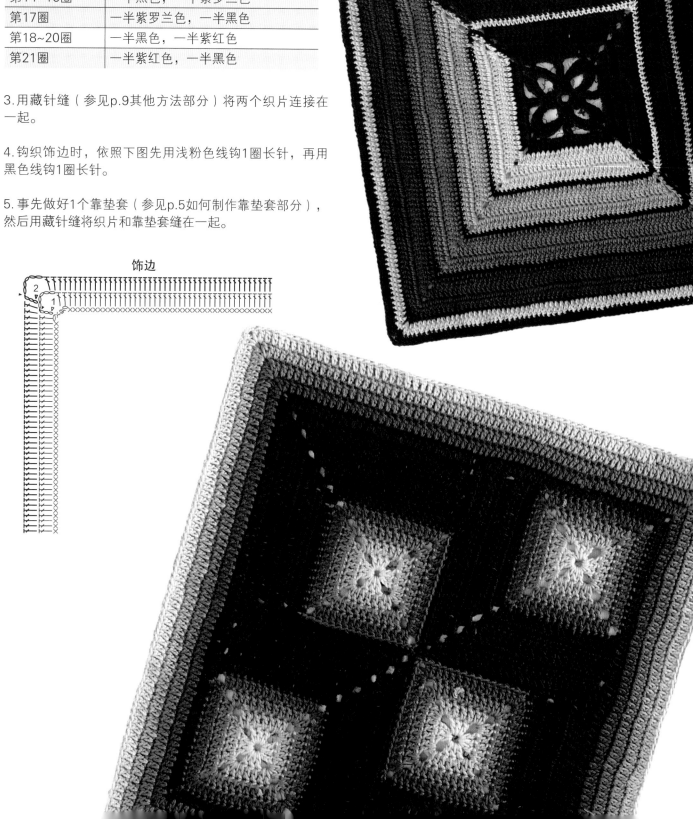

暗影花片靠垫

使用与p.70的光影魅力配色靠垫同样的色调，搭配出看上去截然不同却又颜色互补的另一款靠垫。

所需材料

● 以下各色毛线各50g：浅粉色、紫色、紫罗兰色、紫红色和黑色
● 45cm×110cm大小的各色布块
● 3.5mm钩针

样片

1个花片
=14cm×14cm

尺寸

见右图

编织方法

1. 先钩1个起针环，然后依照下图钩织花片。

2. 依照配色表换色。钩织4个针法完全相同的主花片。

配色表

第1圈	浅粉色
第2圈	紫色
第3圈	紫罗兰色
第4圈	紫红色
第5~9圈（两面）	黑色

3. 用藏针缝（参见p.9其他方法部分）将各个主花片连接在一起。

4. 钩织饰边时，依照下图用黑色线钩1圈长针，用紫红色线钩1圈长针，用紫罗兰色线钩1圈长针，用紫色线钩1圈长针，然后用浅粉色线钩1圈长针。

5. 事先做好1个靠垫套（参见p.5如何制作靠垫套部分），然后用藏针缝将织片和靠垫套缝在一起。

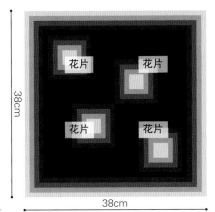

花片

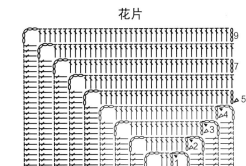

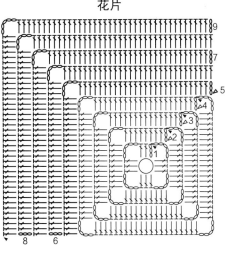

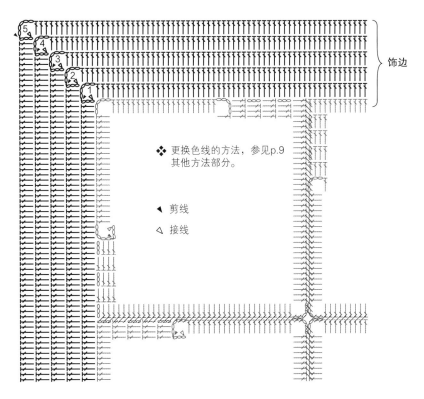

组合

❖ 更换色线的方法，参见p.9其他方法部分。

◀ 剪线

◁ 接线

饰边

七彩条纹靠垫

用美丽的雏菊花样钩织七彩条纹花片。
用光你所有的零线吧，会有出人意料的
效果。

所需材料

- 以下各色毛线的零线：树莓红色、米白色、深绿色、
  深红色、樱红色、深蓝色、紫色、红色、蓝灰色、米
  黄色、卡其色、浅玫瑰红色、浅黄绿色、天蓝色、
  棕色、古铜色、深紫色、紫红色、粉色、蓝绿色、黄
  色、深棕色、浅蓝色、橙色、深蓝绿色、酒红色、蓝
  色、绿色、茴香绿色、芥末黄色和黑色
- 60cm×120cm大小的各色布块
- 3.5mm钩针

样片

1个花片B=16cm×16cm

尺寸

见下图

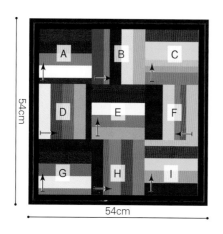

编织方法

1.先钩1行31针锁针的基础锁针，再依照下图钩织雏菊
花样完成花片。雏菊花样的钩织方法参见下图。

花片

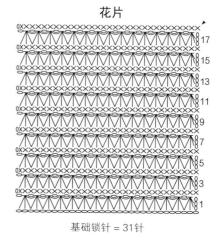

基础锁针 = 31针

❖ 更换色线的方法，参见p.9其他方法部分。

雏菊花样：钩织3针锁针，然后翻面，将钩针插入第2针
锁针（基础锁针）中，针上绕线1次，拉出。再将钩针插
入第3针锁针中，针上绕线1次，拉出。将钩针插入第4
针锁针中，针上绕线1次，拉出。继续将钩针插入第5针
锁针中，针上绕线1次，拉出。这时针上已有5个线圈，
再次针上绕线1次，将其一次性从5个线圈中拉出，最后
钩1针锁针。
*将钩针插入最后一针锁针中，针上绕线1次，拉出。将钩
针插入所钩雏菊花样的旁边（从两个线圈下方插入），针
上绕线1次，拉出。然后将针插入基础锁针的下一针锁
针中，拉出，下一针依然重复该步骤。此时针上有5个线
圈。针上绕线1次，将其一次性从5个线圈中拉出，最后
钩1针锁针*。
重复*至该行结束。

2．依据下面配色表换色。

配色表

	花片A
第1、2行	树莓红色
第3~6行	米白色
第7~10行	深绿色
第11~14行	深红色
第15~18行	樱红色

	花片B
第1~4行	深蓝色
第5、6行	紫色
第7~10行	酒红色
第11~14行	蓝灰色
第15~18行	米黄色

	花片C
第1~4行	紫色
第5、6行	卡其色
第7、8行	浅玫瑰红色
第9~14行	浅黄绿色
第15~18行	树莓红色

	花片D
第1~4行	天蓝色
第5~8行	棕色
第8~12行	古铜色
第13~16行	深紫色
第17、18行	紫红色

	花片E
第1~4行	粉色
第5~8行	蓝绿色
第9~12行	黄色
第13~16行	深棕色
第17、18行	红色

	花片F
第1~4行	浅玫瑰红色
第5~8行	橙色
第8~12行	深绿色
第13~16行	浅蓝色
第17、18行	紫红色

	花片G
第1、2行	深绿色
第3~6行	茴香绿色
第7~10行	深蓝绿色
第11~14行	樱红色
第15、16行	紫红色
第17、18行	酒红色

	花片H
第1~4行	紫红色
第5、6行	古铜色
第7~10行	蓝色
第11~14行	棕色
第15~18行	深绿色

	花片I
第1~4行	紫红色
第5~8行	米白色
第9~12行	棕色
第13~16行	绿色
第17、18行	芥末黄色

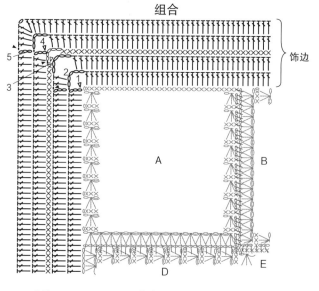

3.用藏针缝（参见p.9其他方法部分）将各花片按照每行3片、共排3行的方式连接起来。

4.钩织饰边时，参照下图先用黑色线钩2圈长针，再用红色线钩1圈短针，然后用黑色线钩2圈长针。

5.事先做好1个靠垫套（参见p.5如何制作靠垫套部分），然后用藏针缝将织片和靠垫套缝在一起。

组合

饰边

A B

D E

◀ 剪线   ◁ 接线

立体花朵九宫格靠垫

这款靠垫的基本钩织方法和这种花色的盖毯的钩织方法大同小异，但是别出心裁的色彩搭配依然让人惊艳。

所需材料

- 以下各色毛线的零线：樱红色、宝蓝色、橘红色、红色、树莓红色、紫红色、芥末黄色、古铜色、浅黄绿色、绿色和黑色
- 60cm×120cm大小的各色布块
- 3.5mm钩针

样片

1个花片B=16.5cm×16.5cm

尺寸

见图示

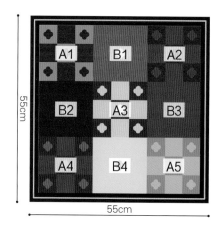

编织方法

1.先钩1个起针环，然后依照图示钩织组成花片A的花片a1和a2。依照配色表更换色线。

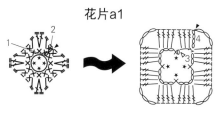
花片a1

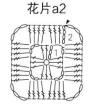
花片a2

在第2圈的短针上钩第3圈的短针。

花片A配色表

	花片a1	花片a2
花片A1	第1、2圈：樱红色 第3、4圈：宝蓝色	樱红色
花片A2	第1、2圈：红色 第3、4圈：樱红色	红色
花片A3	第1、2圈：芥末黄色 第3、4圈：紫红色	芥末黄色
花片A4	第1、2圈：橘红色 第3、4圈：紫红色	古铜色
花片A5	第1、2圈：绿色 第3、4圈：古铜色	绿色

2.依照图示将花片a1和a2交替组合在一起，用藏针缝缝合。

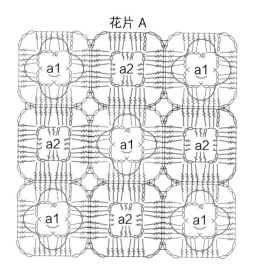
花片 A

◀ 剪线　　　◁ 接线

立针：在前一圈针目的前面线圈上钩1针短针、中长针或长针。

花片B配色表

花片B1	第1、2圈：芥末黄色 第3~10圈：橘红色
花片B2	第1、2圈：红色 第3~10圈：树莓红色
花片B3	第1、2圈：紫红色 第3~10圈：古铜色
花片B4	第1、2圈：樱红色 第3~10圈：浅黄绿色

3.按照p.78的配色表钩织4个花片B。

4.用藏针缝（参见p.9其他方法部分）将花片A和B连接在一起。

5.钩织饰边时，参见图示先用黑色线钩1圈长针，再用芥末黄色线钩1圈短针，然后用黑色线钩1圈长针。

6.事先做好1个靠垫套（参见p.5如何制作靠垫套部分），然后用藏针缝将织片和靠垫套缝在一起。

花片 B　　　　　　　　　　　　　　　组合

在第2圈的短针前面线圈上
钩第3圈的短针。

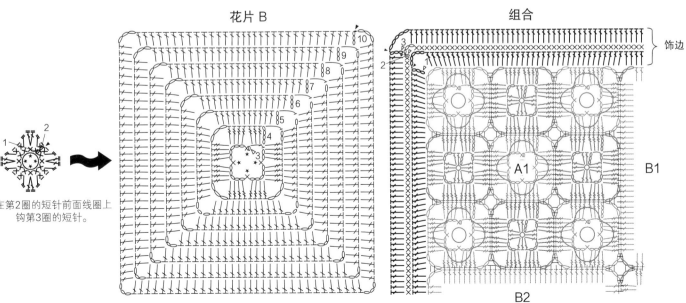

Crochet Country ©Kristel Salgarollo

©Les Editions de Saxe-2014

Photos: Pierre Nicou(except pages 5,9,14,15,19,23,26,29,35,38,39,40,43,47,50,53,57,66,72 and 76: Didier Barbecot)

备案号：豫著许可备字－2014－A－00000044

图书在版编目（CIP）数据

钩针编织的田园风盖毯和靠垫 / (法) 克里斯特尔·塞尔加里罗著；常丽丽译. — 郑州：河南科学技术出版社, 2018.3

ISBN 978-7-5349-9055-7

Ⅰ. ①钩… Ⅱ. ①克… ②常… Ⅲ. ①钩针—编织—图集 Ⅳ. ①TS935.521-64

中国版本图书馆CIP数据核字(2017)第311179号

出版发行：河南科学技术出版社

地址：郑州市经五路 66 号　　邮编：450002

电话：（0371）65737028　　65788613

网址：www.hnstp.cn

策划编辑：刘　欣

责任编辑：张　培

责任校对：王晓红

封面设计：张　伟

责任印制：张艳芳

印　　刷：北京盛通印刷股份有限公司

经　　销：全国新华书店

幅面尺寸：213 mm×285 mm　　印张：5　　字数：150 千字

版　　次：2018 年 3 月第 1 版　　2018 年 3 月第 1 次印刷

定　　价：49.00 元